BEI GRIN MACHT SICH IHR
WISSEN BEZAHLT

AF149110

- Wir veröffentlichen Ihre Hausarbeit,
  Bachelor- und Masterarbeit

- Ihr eigenes eBook und Buch -
  weltweit in allen wichtigen Shops

- Verdienen Sie an jedem Verkauf

Jetzt bei www.GRIN.com hochladen
und kostenlos publizieren

Eleonora Reis

Unterrichtsentwurf für Mathematik und Musik in der Grundschule

Wir bauen ein Körpermodell für einen Schrank für Fridolin, Wir begleiten ein Lied mit Haushaltsgegenständen

GRIN Verlag

Bibliografische Information der Deutschen Nationalbibliothek:

Die Deutsche Bibliothek verzeichnet diese Publikation in der Deutschen National-
bibliografie; detaillierte bibliografische Daten sind im Internet über http://dnb.d-
nb.de/ abrufbar.

Impressum:

Copyright © 2011 GRIN Verlag GmbH
Druck und Bindung: Books on Demand GmbH, Norderstedt Germany
ISBN: 978-3-656-69622-3

Dieses Buch bei GRIN:

http://www.grin.com/de/e-book/232459/unterrichtsentwurf-fuer-mathematik-und-
musik-in-der-grundschule

GRIN - Your knowledge has value

Der GRIN Verlag publiziert seit 1998 wissenschaftliche Arbeiten von Studenten, Hochschullehrern und anderen Akademikern als eBook und gedrucktes Buch. Die Verlagswebsite www.grin.com ist die ideale Plattform zur Veröffentlichung von Hausarbeiten, Abschlussarbeiten, wissenschaftlichen Aufsätzen, Dissertationen und Fachbüchern.

Lernziele:

Die Schüler sollen ...

- durch die Sortierung der Spielsachen Würfel von Quadern unterscheiden und die Merkmale dieser Körper benennen können (können und anwenden).

- im Rahmen der Gruppenarbeit Körpermodelle nach vorgegebenen Kriterien herstellen können (produktiv denken und gestalten).

- durch das Arbeiten in der Gruppe ihre Sozialkompetenzen steigern (Wertorientierung).

- im Rahmen der Präsentationen der Gruppenergebnisse ihre Vorgehensweise verbalisieren können (produktiv denken und gestalten).

- durch die Rahmengeschichte und den Umgang mit Realia Lernfreude und Motivation für das Fach Geometrie entwickeln (Wertorientierung).

- das Lied „Immer wieder kommt ein neuer Frühling" kennen (wissen).

- den Klang von Haushaltsgegenständen wie Löffeln, Tellern, Bechern, Schüsseln, Kehrschaufeln, etc. erforschen und deren klangliche Möglichkeiten ausprobieren können (produktiv denken und gestalten).

- das Lied „Immer wieder kommt ein neuer Frühling" durch das Musizieren auf den Haushaltsgegenständen, durch Singen und Klatschen im Takt begleiten können (können und anwenden).

- Freude und Lernmotivation für das Fach Musikerziehung durch das Experimentieren, Improvisieren, Klopfen, Trommeln, Singen und Klatschen zum Lied „Immer wieder kommt ein neuer Frühling" entwickeln (Wertorientierung).

„Wir bauen ein Körpermodell für einen Schrank für Fridolin"

1. Wissenschaftlich-sachliche Grundlagen

Das aktive Herstellen von Modellen für geometrische Körper setzt eine Reihe von Kenntnissen über bestimme geometrische Grundformen vorraus. Die für die vorliegende Unterrichtseinheit relevanten Körperformen sind der Würfel und der Quader:
- Der Würfel wird von 6 quadratischen Seitenflächen, 12 Kanten und 8 Ecken begrenzt.
- Der Quader weist grundsätzlich 6 rechteckige Begrenzungsflächen auf, von denen je zwei gegenüberliegende deckungsgleich (kongruent) sind. Von seinen 12 Kanten sind je vier gleich lang. Es können auch acht oder zwölf sein, denn einige oder alle Rechtecke, die den Quader begrenzen, dürfen auch Quadrate sein (d.h. spezielle Rechtecke).
Damit ist auch der Würfel ein (spezieller) Quader.
Bei einem Kantenmodell repräsentieren Holzstäbchen (oder Strohhalme) die Kanten und Knetkügelchen die Ecken, da sich Kanten und Ecken in Wirklichkeit eigentlich nicht darstellen lassen. Die Schüler müssen jedoch darauf hingewiesen werden, dass die Strohhalme und Knetkügelchen keine realen Kanten und Ecken der Körpermodelle sind, sondern dass sie lediglich die Funktion von Repräsentaten für Kanten und Ecken haben.

2. Lehr- und Lernziele

Lehrplanbezogene Lernziele
- Kap. I – Lernprozess
  ... im handelnden Umgang, durch Nachdenken oder im Gespräch mit Lehrer oder Mitschüler erfolgen...
- Kap. II A – Fächerübergreifende Bildungs- und Erziehungsaufgaben
  Lernen lernen: ... das eigene Lernen der Schüler soll ... zum Gegenstand des Unterrichts gemacht werden.
  Soziales Lernen: Rücksichtnahme, Verantwortungsbereitschaft, Solidarität, ...
  Sprachliche Bildung: ... Persönlichkeitsbildung ... kreatives Sprachverhalten...
- Kap. II B – Fachprofil Mathematik (Geometrie)
  Die Schüler verbessern die auf ihren Körper und ihren Handlungsraum bezogene räumluche Orientierung und erweitern ihre Raumvorstellung und ihr räunliches Denken. Elementare geometrische ... Körper lernen sie kennen ... stellen sie in selbst gefertigten Modellen dar.
- Kap. III – Fachlehrplan, Mathematik Jahrgangsstufe 2
  2.1 Geometrie
  2.1.2 Flächen- und Körperformen
  Mit Körpermodellen handeln, Körpermodelle herstellen, Körperformen untersuchen, beschreiben, benennen, nach selbst gefundenen und vorgegebenen Kriterien vergleichen und klassifizieren.

2.1 Was möchte ich als Lehrerin darüber hinaus erreichen?

Mein Hauptziel ist, dass die Schüler durch die Rahmengeschichte und durch den Umgang mit Realia Lernfreude und Motivation für das Fach Geometrie entwickeln. Weiterhin sollen sie durch die Sortierung der Spielsachen Würfel von Quadern unterscheiden und die Merkmale dieser Körper benennen können. Im Rahmen der Gruppenarbeit sollen sie Körpermodelle nach vorgegebenen Kriterien herstellen und gleichzeitig ihre Sozialkompetenzen steigern. Anschließend sollen sie durch die Präsentationen der Gruppenergebnisse ihre Vorgehensweise verbalisieren können .

2.2 Wo sehe ich Grenzen oder Schwierigkeiten?
- Möglicherweise wird es einigen Schülern schwer fallen, mit den Strohhalmen und Knetkugeln zu arbeiten und sie zu Körpern zusammenzustecken, da ihre feinmotorischen Fähigkeiten noch wenig ausgereift sind.
- Da die Klasse sehr lebhaft ist, könnte es während der Gruppenarbeit zu einem Ansteigen des Lärmpegels im Klassenzimmer kommen, der ein konzentriertes Arbeiten nicht mehr ermögicht. Es könnte auch der Fall eintreten, dass die Schüler sich untereinander hinsichtlich der Arbeitsaufteilung streiten.
- Da die meisten Schüler dieser Klasse Migrationshintergrund haben und daheim eine andere Muttersprache sprechen, wird es ihnen wahrscheinlich ziemlich schwer fallen zu verbalisieren, was sie in ihrer Gruppe erarbeitet haben.

3. Lernstand

3.1 Welchen Lernstand stelle ich in der Klasse insgesamt fest?
Die Klasse 2d der Grundschule an der Theodor-Heuss-Straße besteht aus 21 Kindern, davon 11 Mädchen und 10 Jungen. Die Schülerinnen und Schüler haben alle Migrationshintergrund, bis auf Pia, Sabrina und Helen. Da die Kinder aus verschiedensten Teilen der Welt stammen, ist die Gruppe sehr heterogen. Vier Schüler stechen besonders aus der Klassengemeinschaft heraus: Raif und Tommaso sind den anderen Kinder in ihrer körperlichen Entwicklung weit vorraus, da sie im Vergleich zu den restlichen Kindern der Klasse groß und kräftig gebaut sind. Oguzhan und Büsra sind sehr häufig in lautstarke Auseinandersetzungen vor allem während der Pausen verwickelt, die von den Kindern selten selbstständig gelöst werden können.

3.2 Auf welchem Lernstand befinden sich die Schüler konkret?
Die Schüler sind aus vorhergehenden Stunden vertraut mit den Flächen- und Körperformen und deren Merkmalen. Weiterhin kennen sie das Arbeiten in der hier vorliegenden Gruppenkonstellation und den Ablauf von Präsentationen nach Gruppenarbeitsphasen.

3.3 Differenzierende Maßnahmen
 Der schwächsten Gruppe (Tammaso, Calogero, Selen, Hakan) fällt es noch sehr schwer neue Aufgabenstellungen selbstständig zu bearbeiten. Deshalb bekommen sie eine Bildvorlage für das Herstellen der Körpermodelle.
Im mittleren Leistungsbereich besteht die schwächere Gruppe aus Pia, Sabrina, Beyza, Sümeyye und Ela. Sie können schon schwierigere Aufgabenstellungen bearbeiten und erhalten daher keine Bildvorlage.
Zur stärkeren Gruppe im mittleren Leistungsbereich gehören Büsra, Yeliz, Utku und Justin. Sie können Arbeitsaufträge schon sehr konzentriert und zuverlässig ausführen und haben daher die zusätzliche Aufgabe, die Strohhalme selbstständig auszumessen und zurechtzuschneiden.
Die Leistungsstärksten sind Raif, Phi Lam, Helen, Antonio, Hanna, Emir und Aysu. Sie bekommen die schwierige Aufgabe, einen Quader nach genauer Vorgabe der Kantenlänge ohne die Vorgabe der Anzahl von Strohhalmen herzustellen. Weiterhin

dürfen sie sich auch an die Herstellung einer Pyramide wagen, um ihrem Forscherdrang Raum zu geben.

4. Lernarrangement

4.1 Warum eignen sich die gewählten Methoden für die Umsetzung der Lerninhalte?
- Durch die Fantasiereise zu Beginn der Unterrichtseinheit sollen die Schüler auf kingemäße und motivierende Weise in das Stundenthema eingeführt werden.
- Die Sortierung der Spielsachen nach ihrer Körperform ermöglicht eine Wiederholung der Mekrmale der Körperformen und erleichtert den Schülern insofern die Bearbeitung der folgenden Arbeitsaufträge.
- Das Arbeiten in Gruppen dient der Einteilung der Kinder in Leistungskategorien und ermöglicht so, dass jedes Kind auf seinem individuellen Wissensstand abgeholt wird und einen dementsprechenden Arbeitsauftrag erhält.
- Das aktive Herstellen von Körpermodellen und der handelnde Umgang mit ihnen gibt den Schülern Gelegenheit, ihre Eigenschaften zu verinnerlichen und sie sich einzuprägen.
- Durch die Präsentation der Gruppenergebnisse vor der Klasse erfahren die Kinder Wertschätzung ihrer Arbeit.

4.2 Wodurch zeigt sich der Lernzuwachs der Schüler?
Der Lernzuwachs bezüglich des Arbeitens in der Gruppe zeigt sich an den hergestellten Körpermodellen, den zwei Plakaten und den Präsentationen der Gruppenergebnisse. In der Reflexionsphase wird der bewusste Lernzuwachs der Kinder deutlich.

5. Sequenz

1. UZE: „Wir lernen Körperformen kennen" am 11.05.11
   Die Schüler sortieren Gegenstände nach ihrer Körperform und erarbeiten sich dadurch die Merkmale von Würfel, Quader und Kugel.

2. UZE: „Wir untersuchen Körper auf Ecken, Kanten und Flächen" am 18.05.11
   Die Schüler verfassen in Gruppenarbeit Steckbriefe der Körper Würfel, Quader und Kugel und erarbeiten sich dadurch deren Anzahl der Ecken, Kanten und Flächen.

3. UZE: „Wir präsentieren die Ergebnisse unserer Gruppenarbeit" am 23.05.11
   Die Schüler üben das Präsentieren von Gruppenarbeitsergebnissen vor der Klasse ein.

4. **UZE: „Wir bauen ein Körpermodell für einen Schrank für Fridolin" am 26.05.11**
   Die Schüler stellen im Gruppenarbeit würfel- und quaderförmige Körpermodelle aus Strohhalmen und Knetmasse her.

5. UZE: „Wir verwandeln unsere Körpermodelle mit Papier zu Körpern" am 06.05.11
   Die Schüler ummanteln ihre Körpermodelle mit DIN A 4 – Papierbögen und stellen dadurch würfel- und quaderförmige Körper her.

6. Wissenschaftlich-sachliche Grundlagen

„Würde Musik nicht erfunden, so gäbe es keine." (Schmitt 1997, S. 187) Gemäß diesem Zitat hat die Improvisation als musikalische Aktivität auch in der Grundschule große Bedeutung. Schließlich sind die vielfältigen Erscheinungsformen von Musik das Ergebnis des Bedürfnisses der Menschen aller Kulturen, sich durch selbst erfundene Musik auszudrücken und sich mitzuteilen. Einerseits entwickeln Kinder durch die Improvisation mit Klangerzeugern Aufgeschlossenheit für verschiedene musikalische Ausdrucksformen und andererseits werden ihnen zugleich Möglichkeiten zu persönlichem Ausdruck gegeben. Dabei sollte Improvisation jedoch nicht ziellos erfolgen, sondern in einem bestimmten Rahmen statttfinden, der je nach Situation unterschiedlich weit gefasst werden kann.
Weiterhin ist im Bereich des Erfindens von Musik das Improvisieren eng verknüpft mit dem Experimentieren mit Klangerzeugern. Dabei kann das Experimentieren dem Improvisieren vorrausgehen oder in Phasen des Improvisierens einbezogen werden. (vgl. Unterlagen Praxisseminar – Kooperation mit Schulklassen und Lehramtsanwärtern, Dr. Julia Lutz / Claudia Weiß).

7. Lehr- und Lernziele
7.1 Lehrplanbezogene Lernziele

- Kap. I – Grundlegende Bildung:
   ... kindliche Wahrnehmungsfähigkeit ... Kreativität ... ästhetisches Empfinden ...

- Kap. II – Lernprozess:
   ... durch handelnden Umgang, durch Nachdenken oder im Gespräch ...

- Kap. III – Fachprofil Musikerziehung
   Die Kinder experimentieren mit Klängen ... und erproben Möglichkeiten, Musik selbst zu erfinden und zu gestalten.

- Kap. III – Fachlehrplan Musikerziehung
   1.1 Musik machen
           1.1.1 Singen und Sprechen
           1.1.2 Mit Instrumenten spielen
   1.2 Musik erfinden
           1.2.1 Experimentieren
           1.2.2 Improvisieren und Gestalten

7.2 Was möchte ich als Lehrerin darüber hinaus erreichen?
Mein vorrangiges Ziel ist, dass die Kinder den Klang von Haushaltsgegenständen wie Löffeln, Tellern, Bechern, Schüsseln, Kehrschaufeln, etc. erforschen und deren klangliche Möglichkeiten ausprobieren können. Weiterhin sollen die Schüler das Lied „Immer wieder kommt ein neuer Frühling" in Text und Melodie kennenlernen und es durch das Musizieren mit den Haushaltsgegenständen, durch Singen und Klatschen im Takt begleiten können. Außerdem ist mir wichtig, dass die Kinder Freude und Lernmotivation für das Fach Musikerziehung durch das Experimentieren, Improvisieren, Klopfen, Trommeln, Singen und Klatschen zum Lied „Immer wieder kommt ein neuer Frühling" entwickeln.

7.3 Wo sehe ich Grenzen oder Schwierigkeiten?
- Manche Schüler könnten Schwierigkeiten dabei haben, Möglichkeiten der Klangerzeugung mit den Haushaltsgegenständen zu finden, da ihnen der Transfer von der Benutzung des Gegenstandes im Haushalt zum Gebrauch als Musikinstrument nicht gelingt.
- Während der Phase der Improvisation in Partnerarbeit könnte der Lärmpegel so weit ansteigen, dass die Schüler den Klang ihrer eigenen Instrumente nicht mehr hören können und insofern die Funktion dieser Arbeitsphase nicht mehr erfüllt werden kann.

8. **Lernstand**
   8.1 Welchen Lernstand stelle ich in der Klasse insgesamt fest?
   Die Klasse 2f der Grundschule an der Theodor-Heuss-Straße besteht aus 23 Kindern, davon 11 Mädchen und 12 Jungen. Die Schülerinnen und Schüler haben alle Migrationshintergrund, bis auf Justin, Anna und Diana und Annalena. Da die Kinder aus verschiedensten Teilen der Welt stammen, ist die Gruppe sehr heterogen. In den Gruppenarbeiten kommt es sehr häufig zu lautstarken Auseinandersetzungen, die von den Kindern selten selbstständig gelöst werden können. Zwei Schüler stechen besonders aus der Klassengemeinschaft heraus: Justin und Dominik verweigern häufig Arbeitsaufträge und geraten mehrmals an einem Schultag in Streitigkeiten mit ihren Mitschülern.

   8.2 Auf welchem Lernstand befinden sich die Schüler konkret?
   Die Schüler sind aus vorhergehenden Stunden mit Liedeinführungen aus meinem Fachunterricht vertraut. Weiterhin kennen sie das Improvisieren und Experimentieren mit „ungewöhnlichen" Musikinstrumenten wie Bechern, Löffeln, Kehrschaufeln, Stiften und Linealen.

   8.3 Differenzierende Maßnahmen
   Die Differnezierung ist in der Aufgabenstellung selbst enthalten, da die Kinder sich ihre Art und Anzahl von Klangerzeugern selbst wählen dürfen. Weiterhin geben die Schüler einander gegenseitig Hilfestellungen, indem sie in der Phase der Vorstellung der Ergebnisse aus der Partnerarbeit ihren Mitschülern eigene Erfahrungen mitteilen, Ideen zum Musizieren mit den Haushaltsgegenständen liefern und Änderungsvorschläge machen.

9. **Lernarrangement**
   9.1 Warum eignen sich die gewählten Methoden für die Umsetzung der Lerninhalte?
   Bei den ersten beiden Präsentationen des Liedes erhalten die Schüler Arbeitsaufträge (das Wort „Krokus" im Lied finden / eine Möglichkeit des Klatschens zu dem Lied finden), um ihre Konzentration auf dem Lerngegenstand, nämlich dem Erlernen von Text und Melodie des Liedes, zu halten.
   Das Klatschen des Liedes dient dazu, dass die Schüler den Rhythmus des Liedes verinnerlichen und ihn später beim Musizieren mit den Haushaltsgegenständen anwenden. Die Experimentierphase im Sitzkreis dient dazu, dass die Schüler zum handelnden Umgang mit den Arbeitsmitteln hingeführt werden und sich gegenseitig Denkanstöße liefern, wie man auf den Haushaltsgegenständen Musik machen könnte. Weiterhin suchen sich die Schüler deshalb die Art und Anzahl der Gegstände an der Theke selbst aus, damit sie selbst ber die Schwierigkeit und den Umfang der Arbeitsanforderung entscheiden können. Anschließend improvisieren die Kinder zusammen mit ihrem Partner auf den Instrumenten, um verschiedene Möglichkeiten der Klagerzeugung auszuprobieren und einander auf alternative oder zusätzliche Ideen zu bringen. Außerdem erfahren die Schüler durch das

Präsentieren ihrer Ergebnisse aus der Partnerarbeit Wertschätzung ihrer Arbeit und bringen einander auf alternative Lösungsansätze. Schließlich wird das Lied immer reihenweise gesungen, geklatscht und auf den Instrumenten begleitet, um dem Musizieren einzelner Schüler mehr Aufmerksamkeit zu widmen.

9.2 Wodurch zeigt sich der Lernzuwachs der Schüler?

Der Lernzuwachs der Schüler zeigt sich an der Kreativität und Originalität ihrer Ideen bezüglich des Musizierens auf den Haushaltsgegenständen. Weiterhin zeigt sich der Lernzuwachs der Schüler darin, dass sie das Lied singen, rhythmisch klatschen und auf ihrem Instrument begleiten können.
In der Reflexionsphase wird der bewusste Lernzuwachs der Kinder deutlich.

10. Sequenz:

1. UZE: „Wir begleiten das Lied ´Guten Tag` mit Bechern" am 23.3.11
   Die S sollen das Lied ´Guten Tag` durch das Trommeln auf Bechern rhythmisch begleiten können.

2. UZE: „Wir begleiten das Lied `Hej, hello, bonjour` mit Küchengeräten" am 01.04.11
   Die S sollen das Lied ´Hej, hello, bonjour` mit Löffeln, Bechern und Tellern rhythmisch begleiten können.

3. UZE: „Wir begleiten das Lied `Pumuckl` mit Haushaltsgegenständen" am 18.05.11
   Die S sollen das Lied ´Guten Tag` durch das Trommeln auf Bechern rhythmisch begleiten können.

4. UZE: „Wir begleiten das Lied `...............` mit Alltagsgegenständen" am 25.05.11
   Die S sollen das Lied ´..............` durch das Trommeln auf Bechern rhythmisch begleiten können.

5. **UZE: „Wir begleiten das Lied ´Immer wieder kommt ein neuer Frühling mit Haushaltsgegenständen" am 26.05.11**
   Die S sollen das Lied ´Immer wieder kommt ein neuer Frühling` mit Haushaltsgegenständen rhythmisch begleiten können.

11. Quellen

- Bayerisches Staatsministerium für Unterricht und Kultus: Lehrplan für die bayerische Grundschule, J. Maiss Verlag, München, 3. Auflage 2003.

- Maras, Rainer / Ametsbichler, Josef / Eckert-Kalthoff, Beate: Handbuch für die Unterrichtsgestaltung in der Grundschule. Auer Verlag, Donauwörth, 4. Auflage 2008.

- Unterlagen Praxisseminar – Kooperation mit Schulklassen und Lehramtsanwärtern, Dr. Julia Lutz / Claudia Weiß.

- Maier, Hermann: Lehrermaterial - Denken und Rechnen 2. Westermann.